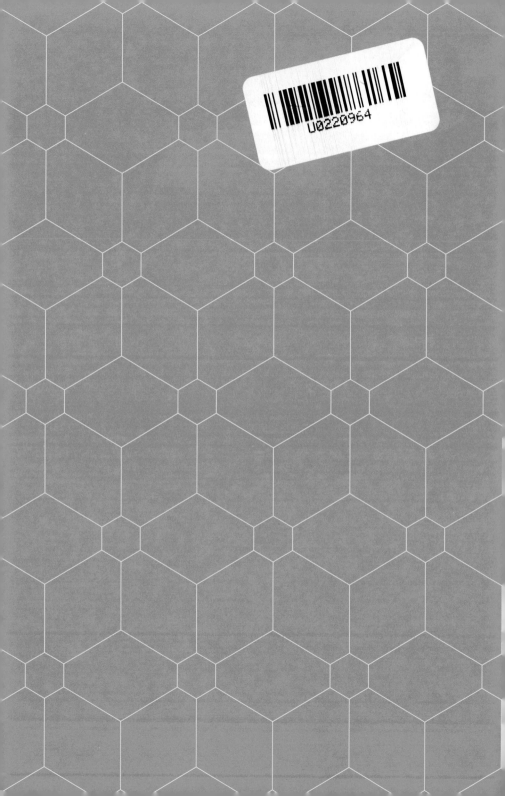

数学不烦恼

从立体图形到足球的设计

【韩】郑玩相◎著 【韩】金愍◎绘 章科佳 刘云◎译

华东理工大学出版社
EAST CHINA UNIVERSITY OF SCIENCE AND TECHNOLOGY PRESS
·上海·

图书在版编目（CIP）数据

数学不烦恼. 从立体图形到足球的设计 / （韩）郑玩
相著;（韩）金愍绘; 章科佳, 刘云译. —上海: 华
东理工大学出版社, 2024.5
　　ISBN 978-7-5628-7367-9

　　Ⅰ. ①数… 　Ⅱ. ①郑… ②金… ③章… ④刘… 　Ⅲ.
①数学 － 青少年读物 　Ⅳ. ①O1-49

中国国家版本馆CIP数据核字（2024）第078568号

著作权合同登记号: 图字09-2024-0150

策划编辑 / 　曾文丽
责任编辑 / 　张润梓
责任校对 / 　王雪飞
装帧设计 / 　居慧娜
出版发行 / 　华东理工大学出版社有限公司
　　　　　　　地址: 上海市梅陇路 130 号，200237
　　　　　　　电话: 021 - 64250306
　　　　　　　网址: www.ecustpress.cn
　　　　　　　邮箱: zongbianban@ecustpress.cn
印　　　刷　　上海邦达彩色包装印务有限公司
开　　　本　/　890 mm × 1240 mm　1 / 32
印　　　张　/　4.25
字　　　数　/　76 千字
版　　　次　/　2024 年 5 月第 1 版
印　　　次　/　2024 年 5 月第 1 次
定　　　价　/　35.00 元

理解数学的思维和体系，
发现数学的美好与有趣！

《数学不烦恼》
系列丛书的
内容构成

数学漫画——走进数学的奇幻漫画世界

漫画最大限度地展现了作者对数学的独到见解。

学起来很吃力的数学，原来还可以这么有趣！

知识点梳理——打通中小学数学教材之间的"任督二脉"

中小学数学的教材内容是相互衔接的，本书对相关的衔接内容进行了单独呈现。

概念整理自测题——测验对概念的理解程度

解答自测题，可以确认自己对书中内容的理解程度，书末的附录中还附有详细的答案。

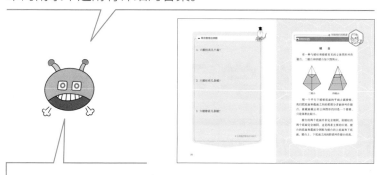

郑教授的视频课——近距离感受作者的线上授课

扫一扫二维码，就能立即观看作者的线上授课视频。从有趣的数学漫画到易懂的插图和正文，从概念整理自测题再到在线视频，整个阅读体验充满了乐趣。

术语解释——网罗书中的术语

本书的"术语解释"部分运用通俗易懂的语言对一些重要的术语进行了整理和解释，以帮助读者更好地理解它们，达到和中小学数学教材内容融会贯通的效果。当需要总结相关概念的时候，或是在阅读本书的过程中想要回顾相关表述时，读者都可以在这一部分找到解答。

大家好！我是郑教授。

嘿！

数学不烦恼

从立体图形到足球的设计

知识点梳理

	分年级知识点	涉及的典型问题
小学	一年级　认识图形（一） 二年级　观察物体（一） 四年级　观察物体（二） 五年级　长方体和正方体 六年级　圆柱和圆锥	长方体和正方体的表面积、体积 棱柱和棱锥的表面积、体积 圆柱和圆锥的表面积、体积 体积和容积的单位
初中	七年级　几何图形初步 九年级　投影与视图	多面体、旋转体 正多面体 球体的体积
高中	一年级　立体几何初步/空间几何体 二年级　球面多边形与欧拉公式	简单多面体的欧拉公式 视图 立体图形的展开图

目录

专题 1

棱柱与棱锥

小学	认识图形（一）、长方体和正方体
初中	几何图形初步
高中	立体几何初步/空间几何体

专题 2

正多面体

 认识图形（一）

 几何图形初步

 立体几何初步/空间几何体

专题 3

旋转体和建筑中的立体图形

小学　圆柱和圆锥

初中　几何图形初步

高中　立体几何初步/空间几何体

走进数学的
奇幻世界!

专题 4

立体图形的展开图

小学　认识图形（一）、观察物体（一）、观察
　　　物体（二）、圆柱和圆锥

初中　几何图形初步、投影与视图

高中　立体几何初步/空间几何体

专题 5

立体图形的体积

   长方体和正方体、圆柱和圆柱

几何图形初步

立体几何初步/空间几何体

专题 6

足球、富勒烯和欧拉定理

 认识图形（一）

 几何图形初步

 立体几何初步/空间几何体、球面多边形与
　　欧拉公式

专题 总结

附录

培养数学的眼光去观察生活

　　世界是由什么组成的呢？很多古代哲学家都对这一问题非常感兴趣，他们也分别提出了各自的主张。泰勒斯认为，世间的一切皆源自水；而亚里士多德则认为世界是由土、气、水、火构成的。可能在我们现代人看来，他们的这些观点非常荒谬。然而，先贤们的这些想法对于推动科学的发展意义重大。尽管观点并不准确，但我们也应当对他们这种努力解释世界本质的探究精神给予高度评价。

　　我希望孩子们能够抱着古代哲学家的这种心态去看待数学。如果用数学的眼光去观察、研究日常生活中遇到的各种现象，那么会是一种什么样的体验呢？如此一来，孩子们仅在教室里也能够发现许多数学原理。从教室的座位布局中，可以发现"行和列"；在调整座次、换新同桌时，就会想到"概率"；在组建学习小组时，又会联想到"除法"；在根据同班同学不同的特点，对他们进行分类的时候，会更加理解"集合"的概念。像这样，如果孩子们将数学当作观察世间万物的"眼睛"，那么数学就不再仅仅是一个单纯的解题工具，而是一门实用的学问，是帮助人们发现生活中各种有趣事物的方法。

　　而这本书恰好能够培养、引导孩子用数学的眼光观察这个世界。它将各年级学过的零散的数学知识按主题进行重新整合，把数学的概念和孩子的日常生活紧密相连，让孩子在沉浸于书中内容的同时，轻松快乐地学会数学概念和原理。对于学数学感到吃力的孩子来说，这将成为一次愉快的学习经历；而对于喜欢数学的孩子来说，又会成为一个发现数学价值的机会。希望通过这本书，能有更多的孩子获得将数学生活化的体验，更加地热爱数学。

　　　中国科学院自然史研究所副研究员、数学史博士
　　　　郭园园

一本提供全新数学学习方法之书

学数学的过程就像玩游戏一样，从看得见的地方寻找看不见的价值，寻找有意义的规律。过去，人们在大自然中寻找；进入现代社会后，人们开始从人造物体和抽象世界中寻找。而如今，数学作为人类活动的产物，同时又是一种创造新产物的工具。比如，我们用计算机语言来控制计算机，解析世界上所有的信息资料。我们把这一过程称为编程，但实际上这只不过是一种新形式的数学游戏。因此从根本上来说，我们教授数学就是赋予人们一种力量，即用社会上约定俗成的形式语言、符号语言、图形语言去解读世间万物的各种有意义的规律。

《数学不烦恼》丛书自始至终都是在进行各种类型的游戏。这些游戏没有复杂的形式，却能启发人们利用简单的思维方式去思考复杂的现象，就连对学数学感到吃力的学生也能轻松驾驭。从这一方面来说，这套丛书具有如下优点：

1.将散落在中小学各个年级的数学概念重新归整

低年级学的数学概念难度不大，因此，如果能够在这些概念的基础上加以延伸和拓展，那么学生将在更高阶的数学概念学习中事半功倍。也就是说，利用小学低年级的数学概念去解释高年级的数学概念，可将复杂的概念简单化，更加便于理解。这套丛书在这一方面做得非常好，且十分有趣。

2.通过漫画的形式学习数学，而非习题、数字或算式

在人类的五大感觉中，视觉无疑是最发达的。当今社会，绝大部分人都生活在电视和网络视频的洪流中。理解图像语言所需的时间远少于文字语言，而且我们所生活的时代也在不断发展，这种形式更加便于读者理解。

这套丛书通过漫画和图示，将复杂的抽象概念转化成通俗易懂的绘画语言，让数学更加贴近学生。这一小小的变化赋予学生轻松学习数学的勇气，不再为之感到苦恼。

3.从日常生活中发现并感受数学

数学离我们有多近呢？这套丛书以日常生活为学习素材，挖掘隐藏在其中的数学概念，并以漫画的形式传授给孩子们，不会让他们觉得数学枯燥难懂，拉近了他们与数学的距离。将数学和现实生活相结合，能够帮助读者从日常生活中发现并感受数学。

4.对数学概念进行独创性解读，令人耳目一新

每个人都有自己的观点和看法，而这些观点和看法构成了每个人独有的世界观。作者在学生时期很喜欢数学，但是对于数学概念和原理，几乎都是死记硬背，没有真正地理解，因此经常会产生各种问题，这些学习过程中的点点滴滴在这套丛书中都有记录。通过阅读这套丛书，我们会发现数学是如此有趣，并学会从不同的角度去审视在校所学的数学教材。

希望各位读者能够通过这套丛书，发现如下价值：

懂得可以从大自然中找到数学。
懂得可以从人类创造的具体事物中找到数学。
懂得人类创造的抽象事物中存在数学。
懂得在建立不同事物间联系的过程中存在数学。

我郑重地向大家推荐《数学不烦恼》丛书，它打破了"数学非常枯燥难懂"这一偏见。孩子们在阅读这套丛书时，会发现自己完全沉浸于数学的魅力之中。如果你也认为培养数学思维很重要，那么一定要让孩子读一读这套丛书。

韩国数学教师协会原会长
李东昕

解决数学应用题烦恼的必读书目

很多学生觉得数学的应用题学起来非常困难。在过去，小学数学的教学目的就是解出正确答案，而现在，小学数学的教学越来越重视培养学生利用原有知识创造新知识的能力。而应用题属于文字叙述型问题，通过接触日常生活中的数学应用并加以解答，有效地提高孩子解决实际问题的能力。对于现在某些早已习惯了视频、漫画的孩子来说，仅是独立地阅读应用题的文字叙述本身可能就已经很困难了。

这本书具有很多优点，让读者沉浸其中，仿佛在现场聆听作者的讲课一样。另外，作者对孩子们好奇的问题了然于心，并对此做出了明确的回答。

在阅读这本书的过程中，擅长数学的学生会对数学更加感兴趣，而自认为学不好数学的学生，也会在不知不觉间神奇地体会到数学水平大幅度提升。

这本书围绕着主人公柯马的数学问题和想象展开，读者在阅读过程中，就会不自觉地跟随这位不擅长数学应用题的主人公的思路，加深对中小学数学各个重要内容的理解。书中还穿插着在不同时空转换的数学漫画，它使得各个专题更加有趣生动，能够激发读者的好奇心。全书内容通俗易懂，还涵盖了各种与数学主题相关的、神秘而又有趣的故事。

　　最后，正如作者在自序中所提到的，我也希望阅读此书的学生都能够成为一名小小数学家。

上海市松江区泗泾第五小学数学教师

徐金金

数学
——一门美好又有趣的学科

数学是一门美好又有趣的学科。倘若第一步没走好，这一美好的学科也有可能成为世界上最令人讨厌的学科。相反，如果从小就通过有趣的数学书感受到数学的魅力，那么你一定会喜欢上数学，对数学充满自信。

正是基于此，本书旨在让开始学习数学的小学生，以及可能开始对数学产生厌倦的青少年找到数学的乐趣。为此，本书的语言力求通俗易懂，让小学生也能够理解中学乃至更高层次的数学内容。同时，本书内容主要是围绕数学漫画展开的。这样，读者就可以通过有趣的故事，理解数学中重要的概念。

数学家们的逻辑思维能力很强，同时他们又有很多"出其不意"的想法。当"出其不意"遇上逻辑，他们便会进入一个全新的数学世界。书中创立立体图形相关理论的数学家便是如此。对于立体图形的研究可追溯至古希腊的四元素说。正如专题2所讲述的那样，古希腊哲学家柏拉图和他的学生亚里士多德认为，五种正多面体和构成万物的基本元素一一对应。虽然，四元素说从现代科学的角度来看是不正确的，但它蕴含的哲学思想为科学的发展提供了一个思路。

本书的内容既包含小学的知识点，也涉及了中学的知识点。本书在讲解棱锥、圆锥、棱柱、圆柱、立体图形的展开图等内容时，充分考虑小学生的理解能力，力求做到深入浅出，生动有趣。最后一个专题涉及立体图形的应用，介绍了一种21世纪的新物质——富勒烯。该物质的分子结构与足球类似，在现代科学和工程领域发挥着重要的作用。希望通过本书，大家能够被立体图形的魅力所深深吸引。

本书所涉及的中小学数学教材中的知识点如下：

小学：认识图形（一）、观察物体（一）、观察物体（二）、长方体和正方体、圆柱和圆锥

初中：几何图形初步、投影与视图

高中：立体几何初步/空间几何体、球面多边形与欧拉公式

了解并掌握本书中的各种与立体图形有关的知识，你将可以设计出有趣的建筑物。我认为，未来的人们

会建造更多利用立体图形设计的新奇建筑，希望大家能够发挥自己的奇思妙想。

　　最后希望通过这本书，大家都能够成为一名小小数学家。

韩国庆尚国立大学教授

郑玩相

柯马

因数学不好而苦恼的孩子

　　充满好奇心的柯马有一个烦恼，那就是不擅长数学，尤其是应用题，一想到就头疼，并因此非常讨厌上数学课。为数学而发愁的柯马，能解决他的烦恼吗？

闹钟形状的数学魔法师

　　原本是柯马床边的闹钟。来自数学星球的数学精灵将它变成了一个会飞的、闹钟形状的数学魔法师。

数钟

穿越时空的百变鬼才

　　数学精灵用柯马的床创造了它。它与柯马、数钟一起畅游时空，负责其中最重要的运输工作。它还擅长图形与几何。

床怪

棱柱与棱锥

在本专题中，我们将首先了解平面图形和立体图形的区别，并介绍棱柱、棱锥的相关知识。然后，我们会讲解底面分别是三角形、四边形、五边形的棱锥。最后，我们将介绍棱柱及棱锥的面数、棱数、顶点数的计算方法。在视频课中，我们还将了解一种与棱柱和棱锥有关的立体图形——棱台。

各部分不都在同一平面内的图形

立体图形、多面体、棱柱

今天我们要讲的是立体图形，该我这个图形专家出马啦！

当然啦！床怪最擅长图形了！

我们之前已经了解过平面图形了，那么立体图形有什么不一样吗？

像三角形、四边形和圆这样，各部分都在同一平面内的图形叫作平面图形。而长方体、圆柱、球这样，各部分不都在同一平面内的图形就叫作立体图形。立体图形有很多种，其中由若干平面多边形围成的立体图形叫作多面体。我们首先来了解一下多面体中的棱柱吧。

棱柱指的是三棱柱、四棱柱之类的立体图形吗？

是的。有两个面相互平行，其余各面都是平行四边形，由这些面所围成的多面体叫作棱柱。

我明白了。

在棱柱中，两个相互平行的面叫作棱柱的底面，它们是完全相同的多边形。即使把棱柱上下颠倒，也区分不出上下底面，因此干脆都叫作底面。根据底面不同的形状，棱柱的名称也有所不同。底面为三角形的棱柱叫作三棱柱，底面为四边形的棱柱叫作四棱柱……

我知道了，底面为五边形的棱柱叫作五棱柱！对吗?

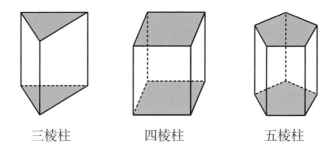

三棱柱　　　　四棱柱　　　　五棱柱

对！在棱柱中，除底面外，其余各面叫作棱柱的侧面。接下来我们看一看棱柱的侧面吧！

上面图中棱柱的侧面都是长方形。

是的，但也有侧面不是长方形的棱柱，下图所示的也是棱柱。侧面是长方形的棱柱叫作直棱柱，其他的棱柱叫作斜棱柱。

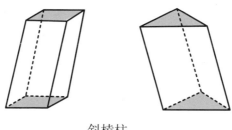

斜棱柱

原来还有这样的棱柱。

棱柱中两个面的公共边叫作棱，其中相邻侧面的公共边叫作侧棱。底面与侧面的公共顶点叫作棱柱的顶点。棱柱两个底面之间的距离叫作棱柱的高。那么，我来考一考你们，三棱柱的底面数是多少？

所有的棱柱都有 2 个底面……

回答正确。那三棱柱的侧面数呢？

是 3 个。

四棱柱的侧面数呢？

是 4 个，对吧？

对！那五棱柱呢？

5 个。

好，我们来总结一下：

$$三棱柱的面数 = 2 + 3$$
$$四棱柱的面数 = 2 + 4$$
$$五棱柱的面数 = 2 + 5$$

2 是底面数吗？

是的。在计算三棱柱的面数时，3 就是底面的边数，即三角形的边数。如此一来，我们就可以得到下面的式子：

$$棱柱的面数 = 2 + 底面的边数$$

那有没有公式可以计算棱柱的棱数呢？

当然有了。我们来数一下三棱柱的棱有多少条吧。三棱柱每个底面上各有几条棱呢？

各有 3 条棱。

正确。那侧面上有几条棱呢？

侧面上也是 3 条棱。

所以，三棱柱的棱数总共有 3 + 3 + 3 = 9（条）。我们再来数一下四棱柱的棱数吧。

上、下底面上各有 4 条棱，侧面上有 4 条棱，总共有 4 + 4 + 4 = 12（条）。

我来数一下五棱柱的棱数。上、下底面上各有 5 条棱，侧面上有 5 条棱，总共有 5 + 5 + 5 = 15（条）。

很不错。我们来总结一下：

$$三棱柱的棱数 = 3 \times 3$$

$$四棱柱的棱数 = 3 \times 4$$

$$五棱柱的棱数 = 3 \times 5$$

由此可得下面的式子：

$$棱柱的棱数 = 3 \times 底面的边数$$

现在只剩顶点数还没计算了。

这也不难，仔细数一数就知道了。棱柱所有的顶点都在两个底面上。三棱柱每个底面上的顶点数是多少？

三棱柱每个底面上各有 3 个顶点，所以三棱柱的顶点数为 3 + 3 = 6（个）。

四棱柱每个底面上的顶点数为 4 个，那么四棱柱的顶点数为 4 + 4 = 8（个）！

五棱柱的顶点数我也知道了。我来试着总结一下：

$$三棱柱的顶点数 = 2 \times 3$$
$$四棱柱的顶点数 = 2 \times 4$$
$$五棱柱的顶点数 = 2 \times 5$$

棱柱的顶点数求解公式如下：

$$棱柱的顶点数 = 2 \times 底面的边数$$

哎呀！看来不需要我了。柯马总结得有模有样呢！

底面是多边形，侧面都是三角形的立体图形

棱锥

我们再来了解一下棱锥吧！有一个面是多边形，其余各面都是有一个公共顶点的三角形，由这些面所围成的多面体叫作棱锥。这个多边形面叫作棱锥的底面，有公共顶点的各个三角形面叫作棱锥的侧面。底面是三角形的棱锥叫作三棱锥，底面是四边形的棱锥叫作四棱锥，底面是五边形的棱锥叫作五棱锥，底面是六边形的棱锥叫作六棱锥……

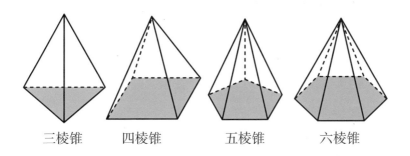

| 三棱锥 | 四棱锥 | 五棱锥 | 六棱锥 |

原来三棱锥、四棱锥、五棱锥、六棱锥的侧面都是三角形啊。

是的。这就是棱锥的特征。

我明白了，三棱锥的底面是三角形，四棱锥的底面是四边形，五棱锥的底面是五边形，六棱锥的底面是六边形……以此类推。

是的。棱锥相邻两个面的公共边叫作棱锥的棱，棱与棱的公共点叫作棱锥的顶点。

从棱锥顶点到棱锥底面的垂直线段的长度，应该就是棱锥的高吧？

是的。现在我们以三棱锥为例，看看它有几个面呢？

3个侧面、1个底面，总共有 3 + 1 = 4（个）。

四棱锥有几个面呢？

4个侧面、1个底面，总共有 4 + 1 = 5（个）。

由此可知，计算棱锥的面数的公式如下：

$$棱锥的面数 = 底面的边数 + 1$$

有计算棱锥的顶点数的公式吗？

当然有了。三棱锥的顶点数为 3 + 1 = 4（个），四棱锥的顶点数为 4 + 1 = 5（个）。也就是说，棱锥的顶点数比底面的边数大1，计算公式如下：

$$棱锥的顶点数 = 底面的边数 + 1$$

好简单呀！

还有什么关于棱锥的知识吗？

现在该学习棱锥的棱数了。

我刚刚看棱锥图片的时候迅速地数了一下，发现三棱锥有 6 条棱，四棱锥有 8 条棱。

是的。棱锥的棱数也是有规律的，三棱锥的棱数为 $2 \times 3 = 6$（条），四棱锥的棱数为 $2 \times 4 = 8$（条）。

啊哈！这样的话，我们就不用一个一个地数了，直接用下面的公式计算就行了：

棱锥的棱数 $= 2 \times$ 底面的边数

柯马，你真厉害！

▶▶ **概念整理自测题**

1. 六棱柱有几个面?

2. 六棱柱有几条棱?

3. 六棱锥有几条棱?

※ 自测题答案参考108页。

棱　　台

有一种与棱柱和棱锥有关的立体图形叫作棱台。三棱台和四棱台如下图所示。

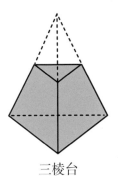

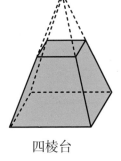

三棱台　　　　　　　四棱台

用一个平行于棱锥底面的平面去截棱锥，我们把底面和截面之间的那部分多面体叫作棱台。被截面截去的立体图形仍旧是一个棱锥，只是体积比较小。

棱台的两个底面并非完全相同，而棱柱的两个底面完全相同，这是两者主要的区别。棱台的底面和截面分别称为棱台的上底面和下底面。棱台上、下底面之间的距离叫作棱台的高。

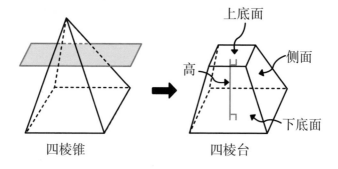

四棱锥   四棱台

上底面

侧面

高

下底面

正多面体

　　正多面体有正四面体、正方体、正八面体、正十二面体和正二十面体五种。正多面体为什么只有五种？是否存在更多的正多面体呢？为了回答这些问题，本专题将从正多面体的构成条件说起，给大家讲解其中的奥妙。在视频课中介绍了古希腊的四元素说。我们从中还能了解到古希腊哲学家眼中四元素说与正多面体的关系。

为什么只有五种正多面体？

正多面体的种类

😮 今天我们要讨论的是立体图形中的正多面体。

🤖 正多面体是什么呢？

😮 正多面体是指所有构成面都是全等的正多边形的立体图形。请看下面的正四面体的立体图。

正四面体

正四面体由4个全等的正多边形围成。在画立体图形时，能看见的棱用实线表示，看不见的棱用虚线表示。

🤖 原来这里说的全等的正多边形就是指正三角形啊。

😮 是的。正四面体是由4个正三角形围成的立体图形。

🤖 那么，正六面体也属于正多面体吧？

34

是的。由 6 个大小相同的正方形围成的立体图形叫作正六面体，一般称为正方体。正方体的立体图如下。

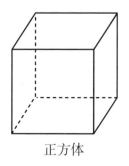

正方体

那么长方体也属于正多面体吗？

长方体是由 6 个长方形围成的立体图形。它的立体图如下。

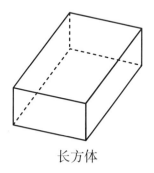

长方体

但由于在长方体中，并不是所有的面都相同，因此不能称为正多面体。

 原来如此。

正多面体应该有无数种吧。

不是的。正多面体只有五种：正四面体、正方体、正八面体、正十二面体和正二十面体。

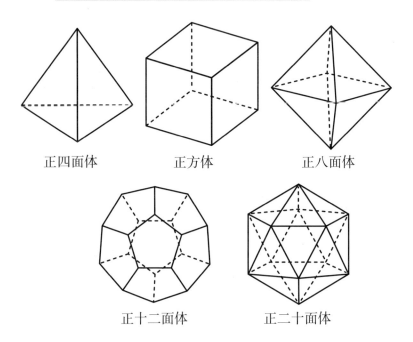

正四面体 　　　正方体 　　　正八面体

正十二面体 　　　正二十面体

为什么呢？好像还能画出更多的正多面体吧？

正四面体的一个顶点处有几个面相交？

3个面。

那正方体的一个顶点处有几个面相交？

也是3个面。

正八面体的一个顶点处有几个面相交？

4 个面。

正十二面体的一个顶点处有几个面相交？

3 个面。

最后一个问题，正二十面体的一个顶点处有几个面相交？

1，2，3，4，5——有 5 个面相交。

回答正确！要想构成立体图形，至少需要 3 个面相交于一点。现在我们来学习一下由正三角形构成的正多面体都有哪些。正三角形一个角的度数是多少？

60°。

没错。如果在某点处放上 3 个正三角形，那么 3 个角的和就是 $3 \times 60° = 180°$。这个角比 360° 小，因此 3 个正三角形可以构成立体图形。

这个立体图形好像是正四面体吧？

是的。

为什么只有当这个角小于 360° 时才能构成立体图形呢？

我们来观察下图，它由三条直线相交而成。

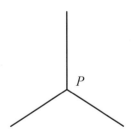

三条直线相交于点 P，此时直线形成的各个角均为
120°，3 个角加起来就是 360°。360° 是直线在平面
中旋转一圈的度数，因此这三条直线处于同一平
面内，也就无法以 P 为顶点构成立体图形。如果
三条直线如下图所示，就可以构成立体图形了。

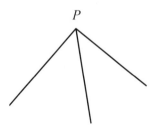

在点 P 处相交的多边形，只有当其内角和小于
360° 时，才能构成立体图形。

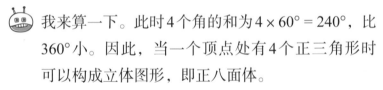

原来如此啊。如果一个顶点处有 4 个正三角形的话
会怎么样呢?

我来算一下。此时 4 个角的和为 $4 \times 60° = 240°$，比
360° 小。因此，当一个顶点处有 4 个正三角形时
可以构成立体图形，即正八面体。

那如果一个顶点处有 5 个正三角形呢?

我来算一下。5 个角的和是 $5 \times 60° = 300°$,比 $360°$ 小。因此,当一个顶点处有 5 个正三角形相交时可以构成立体图形,即正二十面体。

一个顶点处有 6 个正三角形的话,能构成正多面体吗?

这时,6 个角的和为 $6 \times 60° = 360°$,这个角不小于 $360°$,所以不能构成正多面体。

同理,一个顶点处有 7 个以上正三角形的话,也无法构成正多面体。因此由正三角形构成的正多面体共有三种:正四面体、正八面体、正二十面体。

如果其中一个面是正方形呢?

正方形一个角的度数是多少?

$90°$。

一个顶点处如果有 3 个正方形,3 个角的和就是 $3 \times 90° = 270°$,比 $360°$ 小,因此,当一个顶点处有 3 个正方形相交时可以构成立体图形,即正方体。

如果一个顶点处有 4 个正方形,那么 4 个角的和就是 $4 \times 90° = 360°$,这个角不小于 $360°$,所以无法构成立体图形。

一个顶点处有 5 个或 5 个以上正方形的话,也无法构成立体图形。

因此，由正方形构成的立体图形就只有正方体。接下来，我们了解一下由正五边形构成的正多面体。正五边形一个角的度数是多少？

108°。

一个顶点处如果有 3 个正五边形，那么 3 个角的和为 $3 \times 108° = 324°$，比 360° 小，因此可以构成立体图形，即正十二面体。那如果一个顶点处有 4 个正五边形呢？

如果一个顶点处有 4 个正五边形，则 4 个角的和为 $4 \times 108° = 432°$，比 360° 大，所以无法构成立体图形。

是的。一个顶点处有 4 个或 4 个以上的正五边形，也不能构成立体图形。因此，由正五边形构成的正多面体只有正十二面体。

看来没有由正六边形构成的正多面体啊。

没错，正六边形一个角的度数是 120°，如果一个顶点处有 3 个正六边形，则这 3 个角的和为 $3 \times 120° = 360°$，这个角不小于 360°，因此无法构成立体图形。同理，正七边形、正八边形等图形的每个角都比 120° 大，也就是说，如果一个顶点处有 3 个这种图形的话，3 个角的度数之和肯定比 360° 大，那么就无法构成立体图形。因此，正多面体只有五种。

1. 正方体有几条棱?

2. 正四面体有几个顶点?

3. 正二十面体任意一个面是什么形状?

※自测题答案参考109页。

古希腊的四元素说

古希腊自然哲学中的四元素说不是哲学家创造的，而是存在于古希腊传统的民间信仰之中，但不具有坚实的理论体系支持。古希腊哲学家借用其中的概念试图解释万物的本质。柏拉图和他的学生亚里士多德是其中的代表人物。

柏拉图（左）和亚里士多德（右）

柏拉图受毕达哥拉斯的影响，非常重视数学。他相信神是依据数学原理来创造宇宙的，宇宙间所有的天体都按照一定的速度做圆周运动。他认为造物主之所以选择圆作为天体运动的轨迹，是因为圆是最完美的形状。

柏拉图欣赏几何之美，他认为四种基本元素都是正多面体——火是正四面体，土是正方体，气是正八面体，水是正二十面体。由于水、气、火所对应的立体图形都由正三角形围成，因此这三种元素很容易互相转化。但是它们都无法转化成由正方形构成的土。所以土是最稳定的元素，无法轻易转化成其他元素。

亚里士多德在此基础上推论：世界上有冷、热、干、湿四种特性，每种元素都分别具有其中的两种特性。根据这些特性所占的比例，各种物质的特性也就有了差异。物质的变化可以解释为四种基本元素的变化。他认为四种元素之间的关系如下图所示。

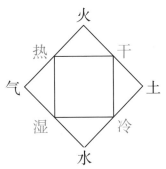

例如：水具有"冷"和"湿"的特性，水的"湿"性变为"干"性，就具备了土的特性，也就成了固体的冰；将水加热变成水蒸气，此

时水的"冷"性就变成了气的"热"性。

亚里士多德进一步提出，在四种元素之外，还有一种元素，即第五元素，是构成星星、月亮、太阳等天体的元素，正十二面体和它对应。

 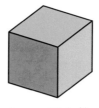 

火——正四面体　　土——正方体　　气——正八面体

水——正二十面体　　第五元素——正十二面体

虽然，古希腊的四元素说从现代科学的角度来看是不正确的，但它蕴含的哲学思想为科学的发展提供了一个思路。后世的科学家们重新定义了元素的概念，如今，人类共发现了118种化学元素。

扫一扫前勒口二维码，立即观看郑教授的视频课吧！

旋转体和建筑中的立体图形

　　本专题将从一场旅行讲起——一位被风吹到立体图形王国的少女为了重返家园，踏上了寻找魔法师奥兹的旅程。本专题简单介绍了与立体图形有关的建筑，既有日常生活中常见的住宅楼，又有世界上那些千奇百怪、美轮美奂的高楼大厦。在认识与立体图形相关的建筑之前，我们先来详细了解一下旋转体，它是理解立体图形所必需的概念。

千奇百怪的建筑
旋转体与建筑

这次我们来讲讲旋转体，很多建筑物中都有旋转体。

旋转体？它是通过旋转形成的吗？

是的。一条平面曲线（包括直线）绕它所在平面内的一条定直线旋转所形成的曲面叫作旋转面，封闭的旋转面围成的几何体叫作旋转体。这条定直线就叫作旋转体的轴。

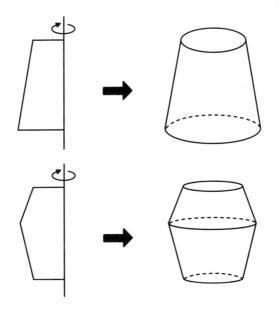

我来试试把直角三角形旋转一周吧。

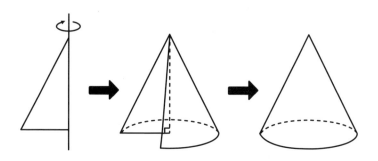

以直角三角形的一条直角边所在的直线为旋转轴，其余两边旋转一周形成的面所围成的旋转体叫作圆锥。旋转轴叫作圆锥的轴；垂直于轴的直角边旋转而成的圆面叫作圆锥的底面；无论旋转到什么位置，不垂直于轴的斜边都叫作圆锥的母线，圆锥的母线有无数条；圆锥最顶端的点叫作圆锥的顶点。

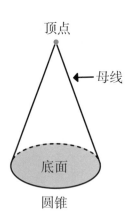

圆锥

这次我来试试吧。画一个矩形，把它旋转之后会得到什么呢?

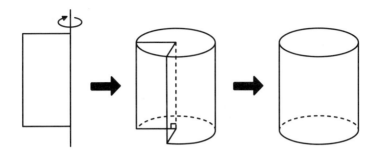

🙂 以矩形一边所在的直线为旋转轴，其余三边旋转
一周形成的面所围成的旋转体叫作圆柱。旋转轴
叫作圆柱的轴；垂直于轴的边旋转而成的圆面叫
作圆柱的底面，圆柱的两个底面是等大的圆；无
论旋转到什么位置，平行于轴的边都叫作圆柱的
母线，圆柱的母线有无数条。

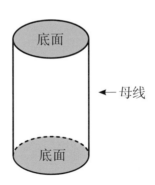

🙂 接下来，我来展示一个比较难的。画一个半
圆，以直径为轴，旋转一圈，你猜猜会得到什么
图形？

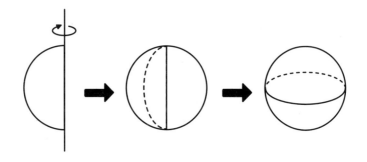

哇，转出了一个圆滚滚的球！

是的。画一个半圆，以直径为旋转轴，旋转一圈就会得到球。

我想到了一个有趣的主意，就是用旋转体做一个木偶。

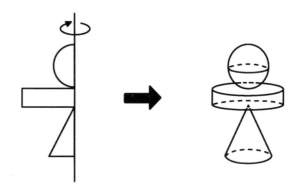

哇，有头、有胳膊，好像还穿着裙子呢！那我来做一个陀螺吧？这样应该就可以了。

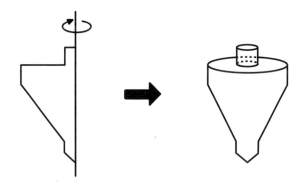

📷 看样子你们对旋转体的理解已经很到位了。旋转体还可以做出更多有趣的东西呢！立体图形在我们的日常生活中有很多应用，不论是旋转体还是之前说过的多面体。

🧑 我想起来了，大部分普通的住宅楼都是四棱柱。

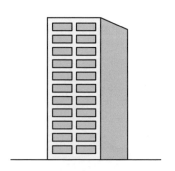

📷 很多建筑都跟立体图形有关。

🤖 有没有不是四棱柱的建筑？

📷 当然有了。圆柱形的建筑也有很多。比如芝加哥的马里纳城，这座建筑包含两栋圆柱形大楼。这座建筑竣工于20世纪60年代，由于其外形独特，因此也被人们称为"双玉米楼"。

 还真是圆柱形的呢！

有球形的建筑吗？

球的一半被称为半球，建筑物中经常用到半球形。比如，罗马万神庙的穹顶就是半球形的。

还有韩国国立中央科学馆的太空体验馆，它的形状是将正二十面体的每条棱四等分，连接各等分

点，从而将每个面分为16个正三角形。这样整个
建筑就显得更饱满，从远处看就像是半球形。

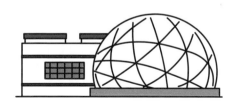

还有更神奇的建筑吗？

当然有了！印度孟买有一座叫作安迪利亚的建筑，
外形接近一个长方体，建筑高度接近60层的普通
建筑，但实际却只有27层。

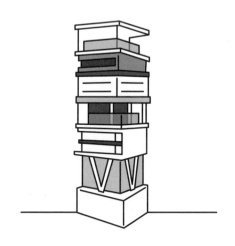

加拿大蒙特利尔也有一座有趣的建筑。这座被称
为栖息地67号的建筑是利用许多长方体打造而
成的。

听着越来越有趣了，看样子世界各地都有许多新奇的建筑呢！

我还想给你们介绍这样一座建筑，它原定于2010年完工，却由于资金问题而停工，它就是美国曾要建造的芝加哥尖塔。这座建筑的鸟瞰图公布时，因其形状酷似旋风和冰激凌而备受瞩目，只可惜直到现在还无法一览其全貌。

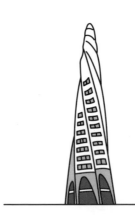

还有英国伦敦小黄瓜造型的格尔金大厦。一般情况下，我们提到黄瓜时，脑海中都会浮现出又细

又长的形状，然而这座大厦的外形却像是那种腌酸黄瓜用的又短又胖的黄瓜。

床怪，在世界上利用立体图形建造的建筑中，你最喜欢哪一座呢？

我最喜欢的建筑当属俄罗斯莫斯科的瓦西里升天教堂。

它位于莫斯科的红场，于1555年开始建造，1561

年竣工，其建筑风格结合了俄罗斯和拜占庭样式
的特征，由9个独立的小教堂组成。约47米高的
中央礼堂矗立在中心，四周环绕着8座有洋葱头状
圆顶的教堂，外形非常漂亮。你们注意到了吗?
洋葱头状的圆顶也是旋转体。

这真是一座有趣又漂亮的建筑!

1. 以长方形的一条边为旋转轴，旋转一周得到的立体图形是什么？

2. 以半圆的直径为旋转轴，旋转一周得到的立体图形是什么？

3. 以下选项中，主要利用长方体的建筑是哪一个？
   （A）芝加哥尖塔
   （B）栖息地67号
   （C）瓦西里升天教堂

※自测题答案参考110页。

积木有多少个？

由大小相同的正方体积木堆积形成的立体图形，其主视图（从正面看）、左视图（从左面看）、俯视图（从上面看）分别如下图所示。此时，所有正方体积木的个数为多少？

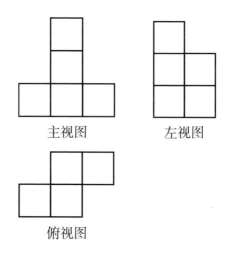

主视图   左视图

俯视图

我们以俯视图为参考基准进行计算即可。先在俯视图中标上数字，如下图所示：

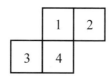

参考左视图和主视图可知，1号位置有3个正方体积木。同理可知2到4号位置有几个正方体积木。1到4号位置的正方体积木个数分别为

1号位置——3个

2号位置——1个

3号位置——1个

4号位置——2个

　　因此，正方体积木的总数为7个。

专题 **4**

立体图形的展开图

如果我们将一个正方体纸箱的各个面依次展开，就能置于同一平面上。像这样，将立体图形的表面适当剪开，可以展开成平面图形，这样的平面图形就是立体图形的展开图。在本专题中，我们将画出棱柱、棱锥、圆柱，以及五种正多面体的展开图。与各面形状都相同的正多面体不同，画长方体的展开图时，有很多需要注意的地方。本专题还将介绍立体图形表面积的计算方法，让我们一起认真看一看吧。在视频课中，用图片详细展示了正方体的11种展开图。

数学漫画

展开图
求立体图形的表面积

这次的主题是展开图。有些立体图形是由一些平面图形围成的，将它们的表面适当剪开，可以展开成平面图形。这样的平面图形叫作相应立体图形的展开图。我们先来看一下棱柱的展开图吧。下面分别是三棱柱、四棱柱、五棱柱的展开图。

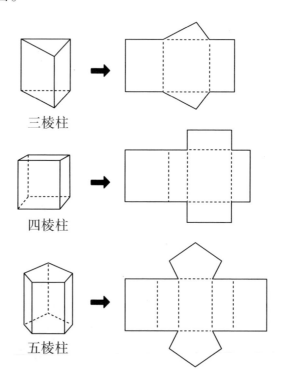

三棱柱

四棱柱

五棱柱

此时，展开图的面积就是棱柱的表面积，即棱柱的表面积是底面面积的两倍加上所有侧面的面积之和。

棱柱的表面积 = 底面面积 × 2 + 所有侧面的面积之和

 那棱锥的展开图呢？

三棱锥和四棱锥的展开图可以有多种样式，下面举几个例子。

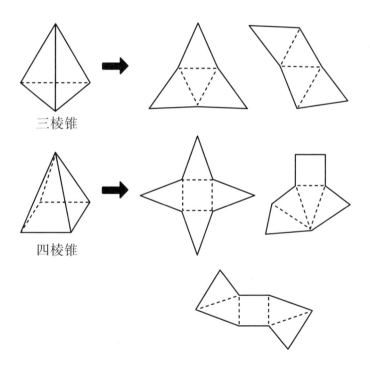

三棱锥

四棱锥

 那圆柱的展开图可以画出来吗？

当然可以了。圆柱的展开图如下图所示。

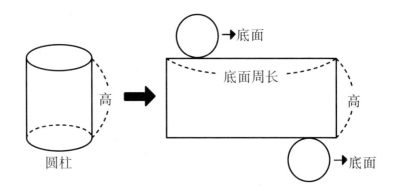

原来在长方形的下方和上方各贴上一个作为底面的圆就成了圆柱的展开图呀！

是的。此时，长方形的面积就是圆柱的侧面积，长方形的长就是圆柱底面的周长，长方形的宽就是圆柱的高，圆的面积就是圆柱底面的面积。所以圆柱的表面积等于底面面积的2倍加上侧面的面积。

圆柱的表面积 = 底面面积 × 2 + 侧面的面积
底面面积 = 底面半径 × 底面半径 × π
侧面的面积 = 底面周长 × 高
          = 底面半径 × 2 × π × 高

其中 π 为圆周率，取 3.14。如果要计算底面半径为1厘米，高为2厘米的圆柱的表面积的话，首先要计算圆柱的底面面积和侧面的面积。

底面面积 = $1 \times 1 \times 3.14 = 3.14$（平方厘米）

侧面的面积 = $1 \times 2 \times 3.14 \times 2 = 12.56$（平方厘米）

所以

圆柱的表面积 = $2 \times 3.14 + 12.56$

$\qquad\qquad\quad = 18.84$（平方厘米）

完美！数钟真棒！

正多面体也有展开图吗？

当然有了。我来分别画一下五种正多面体的其中一种展开图吧，如下图所示。

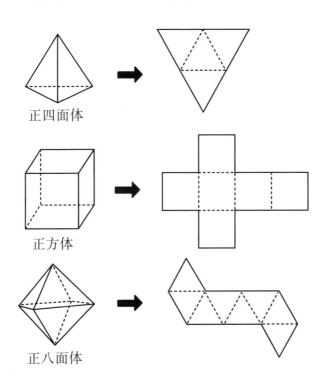

正四面体

正方体

正八面体

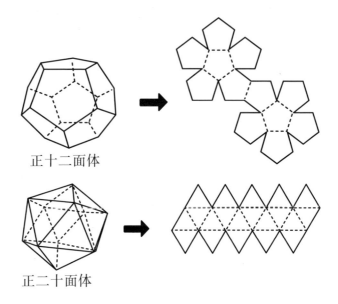

正十二面体

正二十面体

那么长方体的展开图是什么样的呢？

在画长方体的展开图时须注意以下几点：

·相对的棱，长度相等；

·相对的面，形状相同、大小相等；

·折叠部分用虚线表示；

·画展开图时，面和面不能重叠。

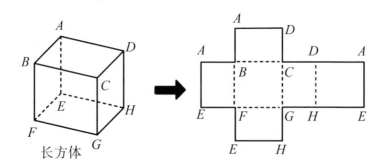

长方体

明白了。

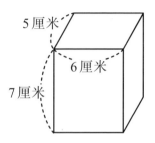 长方体6个面的面积之和叫作长方体的表面积。

例如，有一个如下图所示的长方体：

其展开图如下图所示：

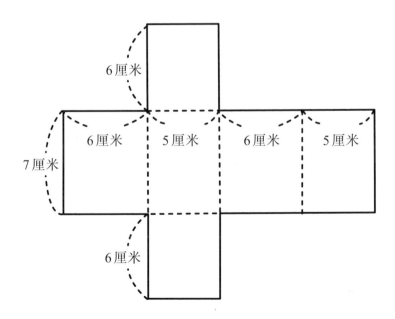

展开图最上面和最下面两个长方形的面积都是 $5 \times 6 = 30$（平方厘米）。中间部分为一个大长方形，其长为 $6 + 5 + 6 + 5 = 22$（厘米），宽为 7 厘米，所以大长方形的面积是 $22 \times 7 = 154$（平方厘米）。因此这个长方体的表面积为 $2 \times 30 + 154 = 214$（平方厘米）。

原来如此。

1. 底面面积为3平方厘米,侧面面积之和为10平方厘米的三棱柱的表面积为多少平方厘米?

2. 底面半径为10厘米,高为5厘米的圆柱的表面积为多少平方厘米?（π取3.14）

3. 请计算下图所示长方体的表面积。

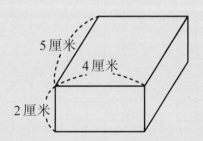

5厘米

4厘米

2厘米

※自测题答案参考111页。

正方体的展开图

　　正方体沿棱展开的展开图有多少种呢？首先我们要知道，正方体共有6个面，须由6个正方形构成。另外，我们还要明确一点，当一种展开图经过旋转或翻转得到另一种展开图时，我们认为它们是同一种展开图。这样，我们一共可以画出以下11种互不相同的展开图。

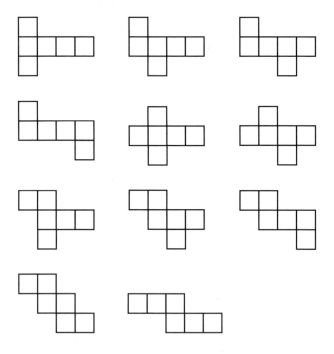

立体图形的体积

本专题将——介绍正方体、长方体、圆柱和棱锥的体积计算方法。此外，我们还将讲解立方米、立方厘米、升、毫升等体积单位及其关系。下面，就让我们从数学漫画中圆柱市的圆柱体游泳池注水问题开始，解决立体图形的体积问题吧。

将游泳池注满水！
立体图形的体积

现在我们来学习一下立体图形的体积吧。计算立体图形体积时使用的基准图形是什么？

我记得是正方体。

没错。比如这个边长为2厘米的正方体可以看作是由几个棱长为1厘米的小正方体组成的，以此来求得它的体积。

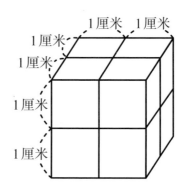

我知道！它的体积是 $2 \times 2 \times 2 = 8$（立方厘米）。

那长方体的体积怎么求？

这个简单。请看下图中的长方体。

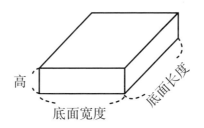

长方体的体积公式如下：

长方体的体积 = 底面宽度 × 底面长度 × 高
　　　　　 = 底面积 × 高

我们来求下图中长方体的体积吧。

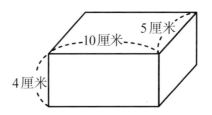

根据长方体的体积公式可得，此长方体的体积为
$5 \times 10 \times 4 = 200$（立方厘米）。

完美！你知道立方米和立方厘米的换算关系吗？

你能给我讲讲吗？

首先你要知道米和厘米有什么关系。

这我还是记得的，1 米 = 100 厘米。

然后利用这个关系式就可以求出：

$$1 立方米 = 1 米 \times 1 米 \times 1 米$$
$$= 100 厘米 \times 100 厘米 \times 100 厘米$$
$$= 1\,000\,000 立方厘米$$

"升"这个单位也可以表示体积。

啊哈，我想起来了，在超市买牛奶或饮料时，还有父母在加油站给车加油时，我看到过价格表上的单位是升。

在日常生活中，液体经常用"升"这一单位。1 000 立方厘米等于1升。

$$1 升 = 1\,000 立方厘米$$

还有"毫升"这个单位吧？

是的，"毫"表示千分之一，因此1毫升就等于1升的千分之一。

$$1 毫升 = 1 立方厘米$$

到这一步为止我都能理解，那么接下来怎么求棱柱的体积呢？

长方体是一种四棱柱，所以根据长方体的体积 = 底面积×高，可知：

棱柱的体积 = 棱柱的底面积 × 高

计算其他棱柱体积的公式也是一样的。

床怪，给我们介绍一下计算圆柱体积的方法吧。

计算圆柱的体积也是类似的。只要知道了底面积和高，就可以按照下面的公式求出。

圆柱的体积 = 圆柱的底面积 × 高

圆柱的底面积指的就是底面的圆的面积吗？

是的。也就是底面半径 × 底面半径 × π，圆柱的体积的计算公式如下：

圆柱的体积 = 底面半径 × 底面半径 × π × 高

数学漫画中计算游泳池的容积时，是不是就利用了圆柱体积的计算方法？

是的。游泳池的体积等于底面半径为 50 米、高为 2 米的圆柱的体积减去底面半径为 20 米、高为 2 米的圆柱的体积。因此，π 取 3.14 时，需要注水的游泳池的体积为 $50 \times 50 \times 3.14 \times 2 - 20 \times 20 \times 3.14 \times 2 = 13\ 188$（立方米）。

1. 棱长为5厘米的正方体的体积为多少立方厘米?

2. 求下图中长方体的体积。

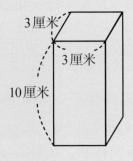

3厘米
3厘米
10厘米

3. 底面的半径为10米，高为5米的圆柱体积为多少
   立方米?（π取3.14）

※自测题答案参考112页。

四棱锥的体积

我们先来看一下棱长为 a 的正方体吧。正方体的体积为 $a \times a \times a$，把它沿图中粉色的体对角线切开，就能得到6个四棱锥。我们把最下面的四棱锥单独拿出来。

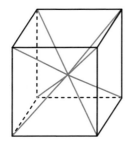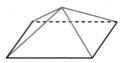

显而易见，这个四棱锥的高为正方体棱长的一半，如果将这个四棱锥的高记作 h，那么 $h = \dfrac{a}{2}$。

这个四棱锥的底面积就是边长为 a 的正方形的面积，即 $a \times a$。正方体的体积是四棱锥体积的6倍，如果将四棱锥的体积记作 V，则 $a \times a \times a = 6V$。两边同时除以6就得到

$V = \dfrac{1}{6} \times a \times a \times a$。这个式子也可以写作 $V = \dfrac{1}{3} \times a \times a \times \dfrac{a}{2}$。因此，如果将四棱锥的底面积记作 S，$S = a \times a$，则四棱锥的体积公式如下：

$$V = \dfrac{1}{3} \times S \times h$$

足球、富勒烯和欧拉定理

本专题开篇的数学漫画讲述了美国化学家斯莫利利用碳原子潜心研制新物质的故事。斯莫利和其他研究人员共同制得了富勒烯，它是由60个碳原子组成的结构酷似足球的新物质，性质非常稳定，且耐高温、高压。斯莫利等人也因此获得了1996年的诺贝尔化学奖。本专题还将介绍研究富勒烯的科学家们所发现的碳纳米管，以及立体图形中一个有趣的关系式。在本专题的视频课中，会讲解圆锥和球的体积计算方法。

立体图形的变形

从足球到富勒烯，再到碳纳米管

好了，这次我们来聊聊科学家斯莫利的故事，他和同事们共同制得了一种分子结构酷似足球的新物质，因而获得诺贝尔化学奖。

足球虽然被叫作球，但它并不是完美的球体，对吧？

对。虽然足球的形状很像球体，但它是由12个正五边形和20个正六边形围成的立体图形。

原来它不是正多面体呀。

是的。

能画出足球的展开图吗？

当然可以啦。足球的展开图如下图所示：

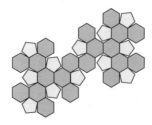

足球的展开图居然是这样的！对了，数学漫画中提到的"富勒烯"到底是什么物质呢？

1985 年，理查德·斯莫利、哈罗德·克罗特和罗伯特·柯尔三人共同研制出了富勒烯，它由 60 个碳原子构成，外形酷似足球，所以也被称为"足球烯"。三位科学家也因此在 1996 年共同获得了诺贝尔化学奖。

你不是说富勒烯完全是一种新物质吗？再详细地讲一讲吧。

富勒烯具有许多有趣的性质。它的结构非常稳定，可以耐高温、高压。它本身为固态时不导电，但是掺杂钾后在零下 255 摄氏度时具有超导性质。

碳原子太常见了。斯莫利他们竟然能够想到用碳原子构造出足球形状，还得了诺贝尔奖，这也太神奇了。

除此之外，碳原子还能用于构建很多有趣的立体图形呢。

有哪些呢？

1991 年，科学家在研究富勒烯的过程中，偶然发现了一种新物质。那就是直径不超过 1 纳米，但轴向长度却可达到数十到数百微米的由碳原子构成的管状物质。

🤦 1纳米？虽然经常听到纳米这个词，但我还是不太清楚它是什么……

😮 1纳米等于百万分之一毫米。也就是说，将1毫米平均分成一百万份得到的长度就是1纳米，小到肉眼看不见。科学家将这种管状物质称为碳纳米管。从整体上看，碳纳米管呈圆柱形，管壁是由六边形组成的蜂窝状结构，大致如下图所示。

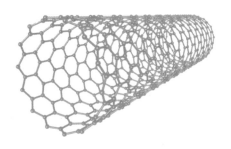

由于碳纳米管像钻石一般坚硬，在高温下也不会变形，因此可用于制造手术用微型机械钳、剪刀或人造肌肉纤维等。

原来它这么有用啊。以后应该还会有更多的用途吧，就像床怪变身一样。

简单多面体的欧拉公式
有趣的立体图形关系式

呜呜，我浑身都是淤青，好不容易逃出来了。床怪，它到底想给我们展示什么呀？

它想说的其实是简单多面体的欧拉公式。

什么是简单多面体？

你可以把多面体想象成是由橡皮膜做成的，对这个橡皮膜做成的多面体进行充气，如果它能变成一个球面，我们就把这样的多面体叫作简单多面体。我们前面说过的棱柱、棱锥、正多面体等都是简单多面体。

那简单多面体的欧拉公式是什么呀？

简单多面体的欧拉公式就是数学家欧拉发现的立体图形的顶点、棱、面之间的有趣关系式。我们先来看一个正方体吧。

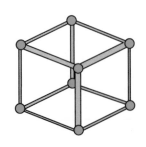

它的顶点数是多少?

 8个。

棱数呢?

两个底面上分别有4条棱,侧面上有4条棱,所以一共是12条棱。

那面数呢?

正方体有6个面。

若顶点数为v,棱数为e,面数为f,则对正方体来说$v=8$,$e=12$,$f=6$。那么,$v-e+f=2$。

对正四面体来说$v=4$,$e=6$,$f=4$,则$v-e+f=4-6+4=2$。

那我来看看六棱柱。

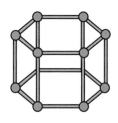

$v=12$,$e=18$,$f=8$,因此$v-e+f=12-18+8=2$。哇,也等于2!

难道所有简单多面体都满足$v-e+f=2$吗?

是的。这个关系式被称为简单多面体的欧拉公式。

1. 请证明：在正八面体中，$v - e + f = 2$。

2. 请证明：在正十二面体中，$v - e + f = 2$。

3. 请证明：在正二十面体中，$v - e + f = 2$。

※自测题答案参考113页。

圆锥和球的体积

你可能已经学过圆锥的体积公式了，先来复习一下。

$$圆锥的体积 = \frac{1}{3} \times 底面的面积 \times 高$$

$$= \frac{1}{3} \times \pi \times 底面的半径 \times$$

$$底面的半径 \times 高$$

球的体积计算公式原本是在高中才会学到的内容，但是相信以各位读者对数学的兴趣，阅读至此，已经完全可以理解了，所以我们来简单了解一下吧。

$$球的体积 = \frac{4}{3} \times \pi \times 球的半径 \times$$

$$球的半径 \times 球的半径$$

据说，古希腊学者阿基米德的墓碑上刻有这样一幅画：圆柱中装有一个内切于它的球。这是阿基米德最得意的一个数学发现。

阿基米德之墓

3:2

扫一扫前勒口二维码，立即观看郑教授的视频课吧！

专题 **总结**

附 录

欧拉
（Leonhard Euler）

　　我是欧拉，瑞士数学家、力学家、天文学家、物理学家，1707年出生于瑞士的巴塞尔。我自幼擅长数学，13岁就进入了大学，成为当时的著名数学家约翰·伯努利的学生。我逐渐获得了他的认可，并与他建立了深厚的友谊。

　　20岁那年，我受聘于俄国的圣彼得堡科学院。这段时间，我过得繁忙而充实，既要研究数学，又要在大学讲课，还要完成学院的事务性工作，以及俄国政府指派的攻关任务。在这里，我在分析学、数论和力学等领域都取得了辉煌的成果。但由于劳累过度，我不幸在31岁时右眼失明。

　　1741年，我接受普鲁士国王腓特烈大帝的邀请前往柏林科学院。在柏林的生活很无趣，同事们都嘲笑我只有一只眼睛，但我还是努力地进行着天文学、力学、光学、电磁学、火炮和弹道学以及航海等许多领域的研究。其间，我完成了大约380篇（部）论著，其中275种成功出版。

1766年，应俄国沙皇叶卡捷琳娜二世的邀请，我离开柏林，重新回到了俄国。我每天依旧花费大量时间用于研究工作，结果在1771年，我的左眼也失明了。即便是失去了视力，我还是没有停下研究的步伐。只不过我没法在纸上进行计算了，只能在头脑中默默运算，再由助手将我口述的内容记录下来。这丝毫没有影响我的工作，在失明后的这段时间里，我仍然著述颇丰。

在失明之后，我研究了精确计算太阳、月亮和地球三个天体运动规律的方法，还研究了三体问题——利用牛顿万有引力定律，计算相互存在引力作用的三个天体之间的运动规律问题。虽然这个问题不能被完美地解决，但是我找到了估算三个物体间大致位置关系的方法。

1783年9月18日，我和家人吃完午饭后，跟我的同事一起研究新发现的行星——天王星的轨道，其间突发疾病离开了人世。

除了简单多面体的欧拉公式以外，我还创立了变分法，提出了欧拉定理，引入了许多简明的数学符号，其中就包括现代的三角函数符号，如sin、cos、tan等。总之，我在代数学、数论、几何学等领域都做出了一些贡献。在中学以及大学的学习中，你们还会经常看到我的名字。数学知识有时比较难，大家学习起来可能会感到很吃力。不过我还是希望你们能够开开心心地把我当作老熟人。

一种简单的球体积的推导方法

李布彼，2023年（立体小学）

摘要

本文介绍了一种简单且易于理解的推导球体积的方法。

1. 绪论

已知半径为 R 的球，其体积为 $\frac{4}{3}\pi R^3$。球的体积是通过微积分求得的，因此小学生和初中生可能很难理解球的体积公式的推导过程。在本研究中，我将利用小学生和初中生能够理解的数学知识来计算球的体积。

2. 四棱台的体积

下图为截面是正方形的四棱台。上底面的面积记作 A，下底面的面积记作 B，我们把上、下底面之间的距离称为四棱台的高，在棱台高的 $\frac{1}{2}$ 处，作一平行于上、下底面的截面，这个截面的面积记作 C。

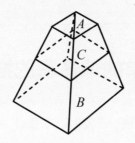

此四棱台的体积公式为

$$V = \frac{A + 4 \times C + B}{6} \times h$$

我用图形的相似性来简单地证明一下。

此四棱台的体积 V 相当于高为 $h + h_1$ 的四棱锥减去一个高为 h_1 的四棱锥，如下图所示：

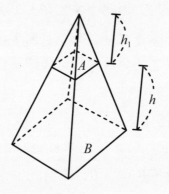

因此，四棱台的体积为

$$V = \frac{1}{3} \times B \times (h + h_1) - \frac{1}{3} \times A \times h_1 \qquad (1)$$

另外，上图中的立体图形在垂直方向上沿底面对角线剖开的部分截面如下图所示。此时，k_A 和 k_B 是面积分别为 A 和 B 的正方形对角线长度的一半。

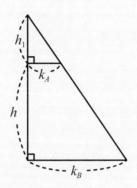

由于最上面的小三角形和整个大三角形相似，可得式（2）：

$$h_1 : (h_1 + h) = k_A : k_B \qquad (2)$$

同样，利用相似三角形的性质可知，面积为 A 和 B 的正方形，边长之比与对角线长度之比相等，也为 $k_A : k_B$，因此其面积之比为 $k_A^2 : k_B^2$。由 $A : B = k_A^2 : k_B^2$，可得 $k_A : k_B = \sqrt{A} : \sqrt{B}$，则式（2）可以转化成式（3）：

$$h_1 : (h_1 + h) = \sqrt{A} : \sqrt{B} \qquad (3)$$

根据比例的基本性质，内项的乘积等于外项的乘积，则式（3）也可以写成：

$$h_1 \times \sqrt{B} = (h_1 + h) \times \sqrt{A} \qquad (4)$$

整理可得

$$h_1 = \frac{\sqrt{A}}{\sqrt{B} - \sqrt{A}} \times h \qquad (5)$$

我们把式（5）代入式（1），化简可得

$$V = \frac{h}{3} \times (A + B + \sqrt{A} \times \sqrt{B}) \qquad (6)$$

在上文中，我将截面面积设为 C，则在垂直方向上
将四棱锥沿底面对角线剖开的部分截面如下图所示：

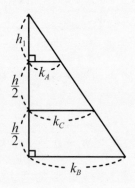

由于三个直角三角形相似，可得式（7）和式（8）。

$$h_1 : \left(h_1 + \frac{h}{2}\right) = k_A : k_C \qquad (7)$$

$$\left(h_1 + \frac{h}{2}\right) : (h_1 + h) = k_C : k_B \qquad (8)$$

由于 $k_A : k_B : k_C = \sqrt{A} : \sqrt{B} : \sqrt{C}$，则式（7）和式
（8）还可以写成：

$$h_1 : \left(h_1 + \frac{h}{2}\right) = \sqrt{A} : \sqrt{C} \qquad (9)$$

$$\left(h_1 + \frac{h}{2}\right) : (h_1 + h) = \sqrt{C} : \sqrt{B} \qquad (10)$$

在式（9）和式（10）中，内项的积等于外项的积，则

$$\left(h_1+\frac{h}{2}\right)\times\sqrt{A}=h_1\times\sqrt{C} \qquad (11)$$

$$\left(h_1+\frac{h}{2}\right)\times\sqrt{B}=(h_1+h)\times\sqrt{C} \qquad (12)$$

把式（5）代入式（11）和式（12），整理可得

$$\sqrt{C}=\frac{1}{2}\times(\sqrt{A}+\sqrt{B}) \qquad (13)$$

把式（13）两边同时平方，可得

$$C=\frac{1}{4}\times(\sqrt{A}+\sqrt{B})^2 \qquad (14)$$

整理式（14）可得

$$\sqrt{A}\times\sqrt{B}=2\times C-\frac{A+B}{2} \qquad (15)$$

将式（15）代入式（6），化简可得：

$$V=\frac{A+4\times C+B}{6}\times h \qquad (16)$$

一般情况下，式（16）不仅适用于四棱台，当图形的截面均相似时，式（16）都适用。这一结论的证明过程需要用到较复杂的微积分知识，小学、初中阶段的读者只需记住这一结论即可。

3. 计算球的体积
由于球的所有截面都是圆，因此球的所有截面都相

似。如下图所示：

半径为0的圆

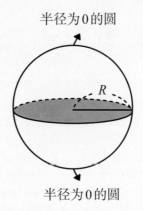

半径为0的圆

我们把球的北极点和南极点位置所在的"点"当作半径为0的圆。在赤道位置处的圆是跟北极点和南极点距离相等的截面。由此可得：

$$A = 0, \ B = 0$$

赤道位置处是半径为R的圆，其面积为

$$C = \pi \times R^2 \tag{17}$$

南极点和北极点之间的距离是半径的2倍，所以$h = 2R$。

把式（17）代入式（16），可得半径为R的球的体积为

$$V = \frac{0 + 4 \times \pi \times R^2 + 0}{6} \times 2R = \frac{4}{3} \times \pi \times R^3$$

4. 结论

　　在本研究中，我利用图形的相似，找到了计算四棱台体积的一般公式；利用这个公式，凭借小学和初中的数学知识就能明白计算球体积的方法。

1. 8个。

提示：$2 + 6 = 8$（个）。

2. 18条。

提示：$3 \times 6 = 18$（条）。

3. 12条。

提示：$2 \times 6 = 12$（条）。

走进数学的
奇幻世界！

1. 12条。

2. 4个。

3. 正三角形。

1. 圆柱。

2. 球。

3.（B）。

走进数学的
奇幻世界！

1. 16平方厘米。

   提示：$3 \times 2 + 10 = 16$（平方厘米）。

2. 942平方厘米。

   提示：$10 \times 10 \times 3.14 \times 2 + 2 \times 3.14 \times 10 \times 5 = 942$（平方厘米）。

3. 76平方厘米。

   提示：$5 \times 4 \times 2 + (4 + 5 + 4 + 5) \times 2 = 76$（平方厘米）

1. 125 立方厘米。

   提示：$5 \times 5 \times 5 = 125$（立方厘米）。

2. 90 立方厘米。

   提示：$3 \times 3 \times 10 = 90$（立方厘米）

3. 1 570 立方米。

   提示：$10 \times 10 \times 3.14 \times 5 = 1\ 570$（立方米）

走进数学的
奇幻世界！

1. 证明：在正八面体中，因为 $v = 6$，$e = 12$，$f = 8$，所以 $v - e + f = 6 - 12 + 8 = 2$。

2. 证明：在正十二面体中，因为 $v = 20$，$e = 30$，$f = 12$，所以 $v - e + f = 20 - 30 + 12 = 2$。

3. 证明：在正二十面体中，因为 $v = 12$，$e = 30$，$f = 20$，所以 $v - e + f = 12 - 30 + 20 = 2$。

术语解释

顶点

在平面中，角的两条边相交的点或多边形的两条边相交的点叫作顶点。在空间中，多面体棱和棱相交的点、圆锥中母线相交的点叫作顶点。

多面体

立体图形有很多种，其中由若干平面多边形围成的立体图形叫作多面体。棱柱、棱锥、棱台等立体图形都是多面体。

富勒烯

富勒烯是碳原子排列形成的足球结构的分子，代表物由60个碳原子组成。因受到美国建筑学家巴克明斯特·富勒设计的球形薄壳建筑结构的启发，故名富勒烯。富勒烯由英国化学家理查德·斯莫利、哈罗德·克罗特和罗伯特·柯尔在1985年首次合成，他们因此获得了1996年的诺贝尔化学奖。

富勒烯的应用前景广阔，特别是在材料科学、电子工程以及纳米技术领域，已成为重要的研究对象。

棱

棱柱、棱锥、棱台等多面体中，两个面的公共边就叫作棱，它不同于圆锥的母线。

棱台

用一个平行于棱锥底面的平面去截棱锥，我们把底面和截面之间的那部分多面体叫作棱台。棱台的两个底面互相平行且相似，但不全等。棱台的侧面是梯形。

棱柱

一般地，有两个面相互平行，其余各面都是四边形，并且相邻两个四边形的公共边都相互平行，由这些面所围成的多面体叫作棱柱。在棱

术语解释

柱中，两个相互平行的面叫作棱柱的底面，它们是全等的多边形。根据底面形状的不同，可以分为三棱柱、四棱柱、五棱柱等。由于圆柱的底面不是多边形、棱锥只有一个底面、棱台的两个底面不全等，因此它们都不是棱柱。

棱锥

有一个面是多边形，其余各面都是有一个公共顶点的三角形，由这些面所围成的多面体叫作棱锥。棱锥的底面跟棱柱一样，都是多边形。棱锥的侧面都是三角形。棱锥的命名与其底面形状有关。例如，底面形状为三角形的棱锥叫作三棱锥，底面形状为四边形的棱锥叫作四棱锥。

立体图形

各部分不都在同一平面内的图形叫作立体图形。立体图形包括棱柱、棱锥、棱台、圆柱、圆锥、球等。

术语解释

欧拉

瑞士数学家、力学家、天文学家、物理学家，发展了微积分学，创立了变分法，提出了欧拉定理，引入了三角函数符号。在力学、天文学和物理学等方面也有很大贡献，对航海、弹道研究等方面起了一定的作用。

平面图形

各部分都在同一平面内的图形叫作平面图形。平面图形有三角形、四边形（包括正方形、长方形、梯形等）、五边形、六边形、圆等。

旋转体

一条平面曲线（包括直线）绕它所在平面内的一条定直线旋转所形成的曲面叫作旋转面，封闭的旋转面围成的几何体叫作旋转体。这条定直线就叫作旋转体的轴。圆柱和圆锥都是旋转体。

术语解释

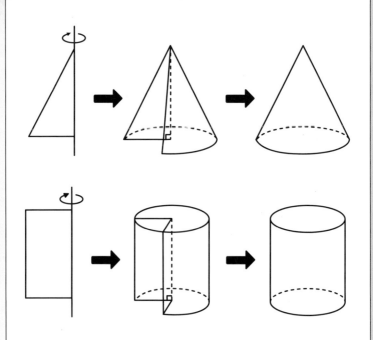

圆柱

以矩形一边所在的直线为旋转轴，其余三边旋转一周形成的面所围成的旋转体叫作圆柱。圆柱跟棱柱不同，圆柱没有棱和顶点。

术语解释

圆锥

以直角三角形的一条直角边所在的直线为旋转轴，其余两边旋转一周形成的面所围成的旋转体叫作圆锥。圆锥的底面是一个圆，侧面是曲面。

展开图

有些立体图形是由一些平面图形围成的，将它们的表面适当剪开，可以展开成平面图形。这样的平面图形叫作相应立体图形的展开图。例如，将长方体的棱剪开后的一种展开图如下图所示。将剪开的棱画成实线，没剪开的棱画成虚线。

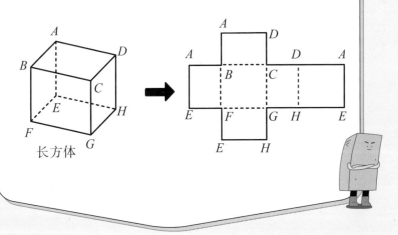

长方体

术语解释

棱柱的展开图有如下特征：两个底面是全等的多边形，侧面都是长方形。展开图折叠起来后相交的线段长度相等。

正多面体

正多面体是指所有构成面都是全等的正多边形的立体图形。正多面体只有五种，分别是正四面体、正方体、正八面体、正十二面体和正二十面体。因为如果要构成正多面体，就要满足一个顶点处有三个或三个以上的面相交，且形成的角度不能超过360°，所以同时满足这两个条件的正多面体只有五种。